AF259564

TITRES

ET

TRAVAUX SCIENTIFIQUES

DU

Docteur IMBERT-GOURBEYRE

Professeur de thérapeutique et de matière médicale
à l'École secondaire de médecine de Clermont-Ferrand,

A L'APPUI DE SA CANDIDATURE

A LA CHAIRE VACANTE DE THÉRAPEUTIQUE ET DE MATIÈRE MÉDICALE
A LA FACULTÉ DE MÉDECINE DE MONTPELLIER

(1863.)

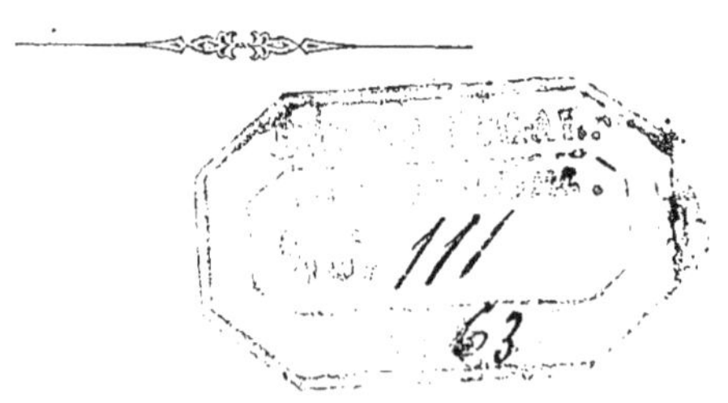

CLERMONT-FERRAND,

IMPRIMERIE DE PAUL HUBLER.

1863.

TITRES.

—

1° Ancien interne des hôpitaux de Paris, nommé le second au concours de 1841.

2° Membre du Conseil d'hygiène publique et de salubrité de Clermont-Ferrand (1849).

3° Professeur suppléant à l'École de médecine de Clermont depuis 1852, et ayant professé pendant six ans le cours de clinique interne, en remplacement de M. Lavort.

4° Lauréat de l'Académie impériale de médecine (1854).

5° Lauréat de la Société de médecine de Bordeaux (1854).

6° Membre correspondant de la Société de médecine de Bordeaux (1854), de l'Académie royale de Naples (1855), de la Société impériale de médecine de Lyon (1857).

7° Membre titulaire de l'Académie des sciences, arts et belles-lettres de Clermont (1857).

8° Professeur titulaire de thérapeutique et de matière médicale à l'École de médecine de Clermont (1858).

9° Lauréat de l'Académie impériale de médecine (1860).

TRAVAUX.

A. — Pathologie.

1° Recherches sur les lésions anatomiques du système nerveux a la suite du tétanos, chez l'homme
et le cheval *(Gazette médicale*, juin 1842).
8 pages in-8°.

2° Thèse sur les contractures des extrémités. —
Paris, 7 février 1844, 35 p. in-4°.

C'est la première thèse qui ait paru sur cette question ; elle est citée
dans la plupart des traités de pathologie français et étrangers, ainsi que
dans un grand nombre de thèses ; voir thèses de Paris, Delpech (1846),
Corvisart (1852), Fleurot (1856), Rabaud (1857), Fosse (1860), et
Trousseau *(Leçons de clinique)*.

3° De la valeur séméiologique du vomissement dans
la pneumonie *(Gazette médicale*, 1854). 5 p. in-8°.

Cet article met en relief l'importance du symptôme vomissement au
point de vue du diagnostic de la pneumonie dans les premières vingt-
quatre heures. Cfr. Schmidt's Jahrbücher (1857).

4° Note sur la respiration saccadée et continue,
considérée comme signe de la phthisie commen-
çante *(Moniteur des hôpitaux*, 20 juillet 1855),
6 pages in-8°.

Cette note, reproduite dans beaucoup de journaux, appelle l'attention
sur un fait d'auscultation nouveau ou peu connu. L'auteur a le premier
signalé en France ce fait de séméiologie déjà indiqué par un professeur
allemand, feu le docteur Zehetmayer. — Cfr. Bourgade *(Arch. générales*, 1858) ; — Colin *(Gazette des hôpitaux*, 1860).

5° Note sur l'épidémie cholérique de clermont-
ferrand *(Annales médicales de la Flandre occidentale*, 1855-56).

6° DE L'ALBUMINURIE PUERPÉRALE ET DE SES RAPPORTS AVEC L'ÉCLAMPSIE. — Paris, 1856, 102 pages in-8°.

Travail couronné par l'Académie impériale de médecine (1854), et imprimé dans ses mémoires (t. XX). L'auteur en a fait une édition à part, notablement augmentée.

« Dans l'excellent mémoire couronné par l'Académie, dit M. Cazeaux en lui faisant beaucoup d'emprunts, M. Imbert-Gourbeyre, qui a défendu avec beaucoup d'éclat et de talent la thèse que je soutiens, a prouvé que l'histoire symptomatologique du mal de Bright était aussi l'histoire de l'albuminurie puerpérale. » *(Traité des accouchements, 1856.)*

Le professeur Brachet a fait à la société de médecine de Lyon un long rapport sur le mémoire de l'albuminurie. On y lit les passages suivants :

« Un ouvrage couronné par l'Académie de médecine ne peut être qu'un bon livre. C'est l'idée qu'on se fait tout d'abord d'un travail qui se présente avec une aussi puissante recommandation... Partout on retrouve le médecin instruit et observateur, partout on retrouve cet esprit élevé qui cherche la vérité de bonne foi, et qui ne sacrifie à aucune idée préconçue... Telle est l'analyse de la brochure de notre savant confrère. Dès lors vous pouvez juger de son importance. L'auteur est toujours en garde contre toute espèce d'exagération et d'entraînement. J'ai vu peu de livres écrits avec autant de réserve et de sagesse... De tous les travaux sur l'albuminurie, le mémoire de M. Imbert-Gourbeyre est peut-être celui où la marche de l'auteur est le plus dépouillée de tout esprit de système. » *(Gazette médicale de Lyon, 15 juillet 1857.)*

Le mémoire de M. Imbert restera comme une œuvre riche de faits intéressants, de recherches savantes et curieuses, dignes d'être méditées et étudiées par tous ceux qui sont jaloux du progrès de notre science et de notre art. *(Dunal, Revue thérap. du Midi, 30 janvier 1857.)*

Cfr. Grisolle (*Traité de pathologie*); Lécorché (thèses de Paris, 1858); Lorain, Jaccoud, Duran (id. 1860); de Choudens, Fontaine (id. 1861) : Dussaud, Lombard (thèses de Montpellier, 1860); Chaballier, (thèse de Strasbourg, 1861); Abeille *(Traité des maladies à urines albumineuses et sucrées*, Paris, 1863); Silbert *(Mémoires de l'Académie impériale de médecine*, t. XXI); Bourgeois (id. t. XXV).

7° NOTE SUR LA PRÉTENDUE DÉCOUVERTE DE M. BEAU AU SUJET DE L'ARTHRALGIE DES PHTHISIQUES *(Moniteur des hôpitaux*, n° 105, 1856). 5 p. in-8°.

8° Réponse a M. Beau au sujet de l'arthralgie des phthisiques, et examen critique d'une autre découverte de cet auteur *(Moniteur des hôpitaux, n° 132, 1856)*. 6 p. in-8°.

Recherches historiques pour démontrer que l'arthralgie des phthisiques est un fait symptomatologique connu depuis bien longtemps.

9° Note sur la maladie bronzée d'Addison *(Moniteur des hôpitaux, n° 111, 1856)*, 7 p. in-8°.

Cfr. Saurel *(Revue thérapeutique du midi,* 30 oct. 1856).

10° Mémoire sur les rapports de l'érysipèle avec la maladie de Bright *(Gazette médicale, 1857)*. 16 p. in-8°.

Cfr. Schmidt's Jahrbücher (1857). — Thoinnet (thèse de Paris, 1859); Abeille (loc. cit.).

11° Mémoire sur le bruit skodique et son véritable inventeur *(Gazette médicale, 1857)*. 16 p. in-8°.

Ce travail fait remonter à Avenbrugger la découverte du son tympanique-pectoral développé par la percussion. — Voir *Traité de pathologie* de Hardy et Béhier.

12° Note sur l'influence étiologique de la rougeole sur les névralgies de la face *(Annales médicales de la Flandre occidentale, 1857)*. 4 p. in-8°.

13° Observation de peau bronzée *(Moniteur des hôpitaux, 25 février 1858)*.

14° Note sur trois symptômes nouveaux ou peu connus des épanchements pleurétiques, adressée à l'Académie impériale de médecine dans sa séance du 28 juillet 1858.

15° MÉMOIRE SUR L'HYPERTROPHIE AIGUE DU CŒUR *(Gazette médicale,* 1858). 13 p. in-8°.

Question presque nouvelle; l'auteur s'efforce de démontrer que cette affection appartient presque exclusivement à la forme aiguë de la maladie de Bright.

16° DES PARALYSIES PUERPÉRALES. — Paris, 1861, 80 p. in-4°.

Ce travail, couronné par l'Académie impériale de médecine, a été imprimé dans ses mémoires, t. XXV. — M. Devergie, secrétaire annuel, dans son rapport général sur les prix de l'Académie pour 1860, s'exprime en ces termes sur l'étude du lauréat : « Quoique connue de la science, l'histoire de cette maladie était à faire. En la provoquant, l'Académie se croyait bien inspirée, et le résultat a prouvé qu'elle ne s'était pas trompée. Trois mémoires lui ont été adressés. Elle n'hésite pas à adjuger le prix au mémoire n° 1, qui a embrassé la maladie au triple point de vue historique, doctrinal et clinique. »

« M. Danyau a fait observer que, si ce mémoire, véritable monographie, laisse à désirer, c'est moins la faute de son auteur, M. Imbert-Gourbeyre, que celle de l'état de la science. La commission espère que M. Imbert tiendra à ne pas laisser son œuvre incomplète. »

17° RECHERCHES POUR SERVIR A L'HISTOIRE DE LA CONTRACTURE DES EXTRÉMITÉS. — Paris, 1862, 90 p. in-8°.

L'auteur reprend la question traitée dans sa dissertation inaugurale ; il démontre par de nombreux faits que cette maladie avait été connue bien longtemps avant Dance (1831), ce qu'on avait contesté. Il en établit les différentes formes, en appelant surtout l'attention sur la forme épileptique.

B. — Thérapeutique et Matière médicale.

1° MÉMOIRE SUR L'ACTION PHYSIOLOGIQUE DE L'HUILE ESSENTIELLE D'ORANGES AMÈRES. — Clermont-Ferrand, 1853, 32 p. in-12.

Ce travail, résultat d'observations nombreuses, est au fond l'expression d'une véritable découverte. Ce sont ces faits qui ont amené l'auteur à étudier plus tard la loi de similitude sur le terrain de plusieurs médicaments.

« Parmi ceux qui usent de l'eau de fleurs d'oranger, y en a-t-il beaucoup qui aient voulu se rendre compte de son mode d'action en lisant le travail très-remarquable publié à ce sujet par M. Imbert-Gourbeyre ? » (Le prof. Sirus-Pirondi, *Introduction à un cours élémentaire de clinique chirurgicale*. Marseille, 1857.)

Ce mémoire a été réimprimé dans la *Gazette médicale* et le *Moniteur des hôpitaux*, 1853. — Cfr. Tardieu *(Dictionnaire d'hygiène publique*, t. III). — *Revue médicale homœop. d'Avignon*, 1853. — *Bulletin de thérapeutique*, 1853. — *Journal de la société gallicane*, 1854. — *Schmidt's Jahrbücher*, 1854. — *Allgemeine hom. Zeitung*, 1854. — Hirschel (*Archiv für Arzneiwirkungslehre*, Dessau, 1854). — Oesterlen (*Handbuch der Arzneimittellehre*, Tubingen, 1856). — Bazin *(Leçons théoriques et cliniques sur les affections cutanées artificielles*. Paris, 1862).

2° NOTE SUR LES TOXICOPHAGES ALLEMANDS, OU EXAMEN DE QUELQUES PROPRIÉTÉS DE L'ARSENIC *(Moniteur des hôpitaux, 1854). 4 p. in-8°.*

Dans cette note, reproduite par plusieurs journaux, l'auteur explique l'arsénicophagie par les propriétés physiologiques et thérapeutiques de l'arsenic. — Cfr. Chabory-Bertrand (*Etudes médicales sur les eaux minérales du Mont-Dore*, Paris, 1859).

3° OBSERVATIONS D'EMPOISONNEMENT PAR L'AMMONIAQUE, OU NOTE RELATIVE A QUELQUES POINTS DE L'HISTOIRE PHYSIOLOGIQUE ET THÉRAPEUTIQUE DE CETTE SUBSTANCE. *(Moniteur des hôpitaux, 1554). 12 p. in-8°.*

Deux nouveaux faits d'empoisonnement, dont un avec autopsie, à ajouter aux deux seules observations connues en France. Considérations sur la loi de similitude. — Cfr. *Journal de chimie médicale*, 1854. — *Schmidt's Jahrbücher*, 1855. — Van Hasselt (*Handbuch der Giftlehre, aus dem hollandischen von Henkel*. Braunschweig, 1862).

4° Note sur quelques nouveaux remèdes contre le choléra (*Moniteur des hôpitaux,* 1854). 15 pages in-8°.

Documents nombreux sur l'emploi de la noix vomique, de l'arsenic, du cuivre et du veratrum album dans cette maladie; résultats statistiques; réflexions sur les doses employées par l'école hahnemanienne.

5° Mémoire sur les propriétés antinévralgiques de l'aconit *(Gazette médicale,* 1854). 24 p. in-8°.

6° Mémoire sur l'action élective de l'aconit sur la tête et les nerfs de la face dans ses rapports avec les propriétés antinévralgiques de ce médicament *(Id.,* 1855). 29 p. in-8°.

7° Note sur les propriétés antinévralgiques de l'aconit *(Moniteur des hôpitaux,* 1855). 5 pages in-8°.

8° Mémoire sur l'éphidrose, les divers traitements employés contre cette maladie, et en particulier sur son traitement par l'aconit *(Gazette médicale,* 1855). 21 p. in-8°.

9° Mémoire sur le traitement des angines par les mercuriaux, la belladone et l'aconit, suivi de quelques remarques sur la médication alcaline *(Moniteur des hôpitaux,* 1856). 35 p. in-8°.

Les divers mémoires de l'auteur sur l'aconit ont été favorablement appréciés par les allopathes aussi bien que par les homœopathes.

« Dans un préambule au remarquable article de M. Imbert-Gourbeyre, que nous avons reproduit en extrait d'après la *Gazette médicale,* et que l'*Art médical* reproduit à son tour, M. Davasse fait observer que la démonstration de la loi de similitude est, suivant lui, la pensée dominante du travail de M. Imbert..... Il ressort assez clairement de toutes les observations particulières, que l'habile thérapeutiste de Clermont-Ferrand a employé l'aconit aux doses usitées dans la médecine allopa-pathique..... Que M. Imbert, dont nous connaissons le grand amour pour l'érudition et l'insatiable désir d'apprendre, ait lu et médité Hahnemann, qu'il y ait puisé des inspirations, c'est ce que doit faire tout thérapeutiste jaloux d'approfondir la partie de la science qu'il cultive ; c'est ce qu'a fait M. Trousseau, professeur de clinique interne de la Faculté de Paris, avec plus de légèreté et moins de bon sens que le professeur de Clermont. M. Imbert est donc, si l'on veut, un homœopathe à la façon de M. Trousseau, avec une instruction plus solide et une expérimentation plus attentive. Mais pour être juste, il faut ajouter que M. Imbert est encore comme M. Trousseau, sauf les mêmes différences d'esprit et de tempérament, rasorien, rademachérien, priesnitzien, etc... c'est-à-dire qu'il cherche la vérité partout, et qu'il est éclectique dans la bonne acception du mot..... Nous le répétons, parce que telle est la vérité, les études sur l'aconit doivent être placées parmi les plus remarquables qui aient été faites depuis longtemps en thérapeutique ; et si nous avons un désir à former, c'est que tous les médecins thérapeutistes et pharmacologues portent dans leurs études la même instruction, la même liberté d'esprit et le même zèle que M. Imbert. » (De Castelnau, rédacteur en chef du *Moniteur des hôpitaux*, 10 mai 1855.)

« Il ne se produit guère en thérapeutique de travail sérieux qui ne soit un hommage loyal ou tacite rendu à la doctrine de Hahnemann. Nous n'en voulons dans ce moment d'autres preuves que le mémoire sur l'aconit récemment publié par M. le docteur Imbert-Gourbeyre, travail rédigé avec une habileté et une science incontestables..... En publiant dans l'*Art médical* les principaux passages du mémoire de M. Imbert, nous croyons qu'il en résultera non-seulement un enseignement pour nos adversaires, mais encore du profit pour tous. » (*Art médical*, mai 1855.)

« Nous nous étions proposé de donner dans la *Revue* une place très-étendue au plus récent travail de M. Imbert-Gourbeyre sur l'aconit, que la *Gazette médicale* a publié dans ses derniers numéros de l'année écoulée et dans les premiers de celle-ci. N'ayant pu le faire à temps, nous nous bornerons aujourd'hui à quelques citations, qui seront lues, nous n'en doutons pas, avec un vif intérêt..... Nous comptons sur le mérite de ce nouveau et vigoureux champion de la vérité, qui, quoique étranger à l'école d'Hahnemann, saura très-bien se restreindre à la sphère d'action de l'aconit, et ne le prescrira point en dehors de la loi de similitude. S'il est, comme nous n'en doutons pas, clinicien aussi habile qu'il est écrivain distingué, assurément il dotera la science médicale d'une monographie thérapeutique de l'aconit, telle qu'on n'en a jamais vu avant Hahnemann. » *(Revue méd. hom. d'Avignon,* juin 1855.)

En analysant le mémoire inscrit sous le n° 9, M. Lorain s'exprime en ces termes :

« Ce mémoire, dont l'idée dominante est l'examen de la doctrine hahnemanienne, se distingue par une solide érudition et par un sentiment scientifique très-louable. » *(Annuaire des sciences médicales,* Paris, 1856.)

Le rédacteur en chef de la *Revue thérapeutique du midi, Gazette médicale de Montpellier,* dans une lettre adressée à M. Jaumes, professeur de cette même Faculté, s'exprime en ces termes à propos de l'action élective des médicaments :

« Je pense avec vous que l'action élective, comme toute action médicamenteuse, doit surtout être démontrée par les faits cliniques.

» C'est à ce titre principalement que je crois devoir vous signaler une série de travaux remarquables publiés par M. le docteur Imbert-Gourbeyre, professeur suppléant à l'École de médecine de Clermont.

» Ce médecin, honorablement connu par de bonnes publications antérieures, s'est proposé pour but avoué d'établir la vérité de la loi de similitude, qu'il considère comme la seule loi thérapeutique réellement démontrée, et méritant véritablement ce nom.

» Les détails dans lesquels il entre à ce sujet dans un second mémoire, publié en 1855 par la *Gazette médicale,* ne permettent pas d'élever des doutes sur la concordance du fait expérimental et du fait thérapeutique.

» Il semble donc rationnel d'admettre que le mode d'action de l'aconit dans les névralgies, est constitué par ce que vous appelez une mutation affective par substitution similaire.....

» M. Imbert-Gourbeyre, qui s'était déjà livré à des études analogues sur l'ammoniaque, l'arsenic, l'huile essentielle de feuilles d'oranger, etc., a récemment publié un autre travail, dans lequel l'action favorable exercée par les mercuriaux, la belladone et l'aconit, dans le traitement des angines, lui a fourni une fois de plus l'occasion d'établir la vérité de cette loi d'électivité.

» Je ne puis songer à m'étendre sur ce dernier travail plus que je n'ai fait sur les précédents ; mais je dois rendre hommage à la vérité, en disant que les faits très-nombreux recueillis par l'honorable médecin de Clermont, et ceux qu'il a empruntés aux auteurs, ne laissent pas de doute sur l'action toute spéciale et vraiment élective que ces médicaments exercent sur l'arrière-gorge.....

» Je ne dois pas, malgré tout ce qu'aurait d'intéressant une pareille discussion, m'étendre plus longuement sur les questions que je viens de soulever ; il est évident, comme le dit M. Imbert-Gourbeyre, que nous ignorons encore la manière d'agir d'un grand nombre de médicaments, et qu'il y a beaucoup à faire dans cette voie. Nous devons donc des encouragements à ceux qui, comme le savant professeur de Clermont, consacrent leurs veilles à de pareils travaux. » *(Revue thérapeutique du midi*, 15 août 1856.)

Un grand journal allemand, en citant le mémoire n° 9, dit que l'auteur est un connaisseur profond et impartial de la littérature médicale allemande et de ses nombreux travaux, et ajoute que c'est chose rare — *rara avis* — parmi les Français *(Allgemeine hom. Zeitung,* t. LII, Leipzig, 1856).

« L'aconit est signalé par les partisans de l'école italienne comme un hyposthénisant dont l'action élective se manifeste surtout vers l'encéphale. Partant d'un autre ordre d'idées, M. Imbert-Gourbeyre considère l'action physiologique de l'aconit comme éminemment propre à occasionner des névralgies faciales, et par cela même a-t-il essayé, lui allopathe, mais chaud partisan de la loi de similitude, a-t-il essayé, dis-je, l'aconit contre les névralgies rebelles, et prétend avoir réussi. Nous pouvons le croire sans peine, et, qui plus est, nous sommes loin de nous étonner des résultats signalés par les deux systèmes. » (Le prof. Sirus-Pirondi, *Introduction à un cours élémentaire de clinique chirurgicale,* Marseille, 1857.)

Cfr. *Moniteur des hôpitaux,* 1855 ; *Bulletin de thérapeutique,* 1855 ; *Schmidt's Jahrbücher,* 1855 ; *Allgem, hom. Zeitung,* 1856 ; Bouchardat, *Annuaire de thérapeutique,* 1856 ; Oesterlen *(Handbuch der Arzneimittellehre,* Tubingen, 1856) ; Reil *(Monographie des Aconits,* Leipzig, 1858.

10° REMARQUES SUR LA LOI D'ÉLECTIVITÉ *(Revue thérapeutique du Midi,* 1ᵉʳ octobre 1856). 6 p, in-8°.

En publiant cet article dans son journal, le rédacteur en chef de la *Revue* s'exprime en ces termes : « Nous devons à M. le docteur Imbert-

Gourbeyre une troisième communication qui, bien qu'ayant avec les précédentes quelques liens de parenté, a cependant une tout autre portée. Le savant professeur de Clermont, reprenant une question que nous avions seulement effleurée, l'a traitée et résolue de main de maître. Il est évident que, si l'homœopathie renferme quelques vérités, elles doivent, pour se faire accepter, se présenter dégagées de toute hypothèse, et entourées de garanties que la science sérieuse a le droit de réclamer. Cette marche est celle que suit M. Imbert, et nous croyons que c'est la bonne.» *(Revue thérapeutique du Midi, Gazette médicale de Montpellier, 30 septembre 1856.)*

L'auteur termine ses remarques sur la loi d'électivité par les lignes suivantes : « L'hahnemanisme, réduit à sa juste et incontestable |valeur, n'est qu'une école de thérapeutique très-sérieuse, qui a apporté à la médecine un contingent remarquable, et c'est une illusion complète de la part de ses disciples de croire que l'homœopathie va bouleverser la médecine tout entière. Rève insensé! Le jour où cette école sera dégagée de l'enthousiasme aveugle de la plupart de ses adeptes, le jour aussi où elle verra tomber devant elle les préventions de l'ignorance et de la passion, ce jour-là elle prendra dans la médecine une place honorable et légitime : elle a pour elle l'avenir. Il faut sans doute n'accepter hahnemann que sous bénéfice d'inventaire ; mais faut-il encore procéder au riche inventaire qu'il nous présente, au lieu d'en parler sans le connaître, pour insulter à son génie. »

11° DU TRAITEMENT DU CHOLÉRA PAR L'ELLÉBORE BLANC *(Annales médicales de la Flandre occidentale, 1855-56). 18 p. in-8°.*

Expériences cliniques faites par l'auteur à l'Hôtel-Dieu de Clermont, pour démontrer la valeur de ces deux agents dans le traitement du choléra.

12° HISTOIRE DES ÉRUPTIONS ARSÉNICALES *(Moniteur des Hôpitaux, 1850). 12 p. in-8°.*

Histoire à peu près complète des différentes éruptions produites par l'arsenic.

Cfr Pietra-Santa *(Annales d'hygiène, 1858)*; *Allgem. hom. Zeitung*, 1858 ; Beaugrand *(Gazette des Hôpitaux, 1859)*; Vernois *(Annales d'Hygiène, 1859)*; Bazin *(Loc. cit.)*; Guérard *(Thèse de Paris, 1862)*.

13° ETUDES SUR LA PARALYSIE ARSÉNICALE *(Gazette médicale*, 1858). 46 p. in-8°.

Recherches historiques nombreuses et dépouillement considérable des faits, pour démontrer cette question de pharmacodynamie. — Du traitement des paralysies et des douleurs par l'arsenic. — Rôle de l'arsenic dans les eaux minérales.

Cfr *Allgem. hom. Zeitung*, 1858; *Dict. d'Hydrol.*, 1860; Marcé (*Th. d'agrég. Paris*, 1860); Allard (*Thérap. hydrom. des maladies constitutionnelles*, 1860.

14° NOTE SUR LA PROPRIÉTÉ ANTIPURULENTE DE LA CAMOMILLE *(Moniteur des hôpitaux*, 1858). 4 p. in-8°.

Simple note contenant quelques recherches sur cette propriété, à propos d'une communication du docteur Ozanam à l'Acad. des sciences.

15° MÉMOIRE SUR LE PRURIT VULVAIRE, SUR CELUI DES FEMMES GROSSES EN PARTICULIER, SON TRAITEMENT PAR L'ARSENIC, SUIVI DE CONSIDÉRATIONS GÉNÉRALES THÉRAPEUTIQUES. *(Annales médic. de la Flandre occidentale*, 1858.) 21 p. in-8°.

16° NOTE SUR LE TRAITEMENT DE LA PASSION ILIAQUE PAR LA VOIX VOMIQUE *(Art médical*, 1860). 4 p. in-8°.

Observation de passion iliaque guérie par ce médicament, avec quelques recherches à l'appui.

17° MÉMOIRE SUR LES ÉRUPTIONS ANTIMONIALES *(Gazette médicale*, 1861). 34 p. in-8°.

Cfr. *Gazette des hôpitaux*, 1861; *Guérard (thèse de Paris*, 1862).

18° NOTE SUR L'ALCOOL COMME ANTIDOTE DU POISON DES SERPENTS *(Monit. des sciences méd.*, 1861). 8 p. in-8°.

Note faite à propos d'une communication à l'Académie des sciences. Ce traitement n'est pas nouveau; depuis Dioscoride, il a toujours été traditionnel, ce qui est démontré par de nombreuses recherches. Réflexions sur l'antagonisme des médicaments homologues.

19. DU TRAITEMENT DE L'ÉRYSIPÈLE PAR L'ACONIT *(Union médicale*, 1861).

Simple note confirmative d'un article de M. Lecœur qui a paru dans le même journal.

20°. NOTE SUR LA PROPRIÉTÉ EXANTHÉMATOGÈNE DE LA RUE *(Art Médical*, 1862). 7 p. in-8°.

A propos d'une observation présentée à l'Académie de médecine par M. Soubeiran, l'auteur, à l'aide de la tradition, fait l'histoire complète de cette propriété de la rue.

21°. ETUDES SUR QUELQUES SYMPTÔMES DE L'ARSENIC ET SUR LES EAUX MINÉRALES ARSÉNIFÈRES — *Paris*, 1863. 101 p. in-8°.

Ce long mémoire a été imprimé dans la *Gazette Médicale*, dans le cours de l'année dernière. Il contient de très-nombreuses recherches sur divers accidents causés par l'arsenic, recherches en grande partie inédites. — Examen de l'arsenic phthisigène. — Etudes sur son rôle dans les eaux minérales dites arsénifères. — Expériences nombreuses sur l'arsenic à doses minérale et infinitésimale. — Discussion générale sur la posologie hahnemanienne.

C. — Biographie médicale.

1° ELOGE HISTORIQUE DE M. ACHARD-LAVORT, professeur à l'école de médecine de Clermont.—1858, 48 p. in-8°.

2° DISCOURS D'INSTALLATION DE L'ÉCOLE DE MÉDECINE DE CLERMONT DANS SON NOUVEAU LOCAL. — Clermont-Ferrand, 1859, 22 p. in-8°.

3° ELOGE DE MICHEL BERTRAND, lu à l'Académie de Clermont, le 8 novembre 1860. — Clermont-Ferrand, 1861, 28 p. in-8°·

Cfr *Gazette médicale; Art médical* (1861); Fabre *(Thèse de Paris,* 1861); Dʳ Allard *(Etude hydrologique sur Michel Bertrand,* 1861); *Allgemeine hom. Zeitung,* 18 mars 1861; Hirschel *(Neue Zeitsch. f. h. Klinik,* juillet 1861); Léon Chabory *(Guide du baigneur aux eaux du Mont-Dore,* 1862).

Clermont, typ. Hubler.

TITRES

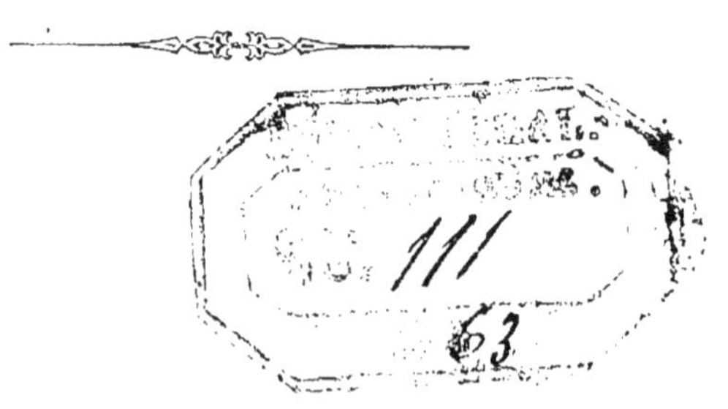